BEI GRIN MACHT SICH IHR WISSEN BEZAHLT

- Wir veröffentlichen Ihre Hausarbeit, Bachelor- und Masterarbeit

- Ihr eigenes eBook und Buch - weltweit in allen wichtigen Shops

- Verdienen Sie an jedem Verkauf

Jetzt bei www.GRIN.com hochladen und kostenlos publizieren

Die Dead Zone durch den Mississippi. Entstehung, Auswirkungen und Bekämpfung

Jakob Bonasera

Bibliografische Information der Deutschen Nationalbibliothek:

Die Deutsche Nationalbibliothek verzeichnet diese Publikation in der Deutschen Nationalbibliografie; detaillierte bibliografische Daten sind im Internet über http://dnb.d-nb.de abrufbar.

ISBN: 9783346743213
Dieses Buch ist auch als E-Book erhältlich.

© GRIN Publishing GmbH
Nymphenburger Straße 86
80636 München

Alle Rechte vorbehalten

Druck und Bindung: Books on Demand GmbH, Norderstedt Germany
Gedruckt auf säurefreiem Papier aus verantwortungsvollen Quellen

Das vorliegende Werk wurde sorgfältig erarbeitet. Dennoch übernehmen Autoren und Verlag für die Richtigkeit von Angaben, Hinweisen, Links und Ratschlägen sowie eventuelle Druckfehler keine Haftung.

Das Buch bei GRIN: https://www.grin.com/document/1285288

Karlsruher Institut für Technologie

Fakultät für Bauingenieur-, Geo- und Umweltwissenschaften

Institut für Geographie und Geoökologie

Hauptseminar Landschaftszonen

Sommersemester 2022

Seminararbeit

Die Dead Zone durch den Mississippi

vorgelegt von

Jakob Bonasera

BA Lehramt Geographie

6. Fachsemester

Inhalt

Abbildungsverzeichnis

Aus Gründen der besseren Lesbarkeit wird in dieser Arbeit die Sprachform des generischen Maskulinums verwendet. Es wird an dieser Stelle darauf verwiesen, dass die ausschließliche Verwendung der männlichen Form geschlechtsunabhängig verstanden werden soll.

1. Einführung und Problemstellung

Dead Zones, auf Deutsch Todeszonen, sind Wasserareale, die eine niedrige Konzentration von gelöstem Sauerstoff aufweisen. Dies hat schwerwiegende Folgen für maritimes Leben und in der Konsequenz auch für uns Menschen, beispielsweise bei der Fischerei. Eine solche Dead Zone bildet sich jedes Jahr im Mündungsgebiet des Mississippi im Golf von Mexiko. Forscher haben herausgefunden, dass die Bildung dieser Todeszone vor allem mit den chemischen Elementen Phosphor und Stickstoff zusammenhängt, welche einen starken Einfluss auf maritime Ökosysteme nehmen können. Seit 1993 hat sich die Fläche der Todeszone im Golf von Mexiko verdoppelt (Malakoff, 1998, S. 190ff.). Laut der Zeitschrift Spiegel erstreckte sie sich im Jahre 2021 über eine Fläche von 16.400 km^2. Der Durchschnitt der fünf vorherigen Jahre lag noch knapp 2.000 km^2 niedriger. Demnach wächst die Todeszone immer weiter. Die Vereinigten Staaten haben sich aus diesem Grund das ambitionierte Ziel gesetzt, ihre Fläche bis 2035 im Durchschnitt von fünf Jahren auf weniger als 5.000 km^2 zu begrenzen (Spiegel, 2021, o.S.). Die Umweltschutzorganisation Mighty Earth macht einige bestimmte Konzerne der Fleisch- und Agrarindustrie für das Wachstum der Dead Zone verantwortlich. Diese liegen deutlich nördlich des Golfs von Mexiko, im Zentrum der USA. In diesem Gebiet sind stark gedüngte Mais- und Sojaplantagen für 1,15 Millionen Tonnen Stickstoff verantwortlich, die allein 2016 in den Golf von Mexiko eingetragen wurden. Diese Verschmutzung ist um 170% größer als jene, welche von der Ölpest im Jahre 2010 im Golf von Mexiko hervorgerufen wurde (Mighty Earth, 2016, S. 6). Verantwortlich für den Transport der Nährstoffe über eine solch weite Strecke vom Zentrum der USA bis in den Süden ist der Mississippi: 70% der ankommenden Nährstoffe stammen aus diesem Fluss (Dodds, 2006, S. 211).

Wie die Dead Zone im Golf von Mexiko genau entsteht, angefangen bei den Nährstoffen und deren Eintrag bis hin zu deren Auswirkungen im Ökosystem, soll in dieser Seminararbeit erläutert werden. Dazu werden die zugrundeliegenden naturwissenschaftlichen Prozesse zuerst einzeln ausgeführt und anschließend in Zusammenhang gebracht. Anknüpfend wird die Rolle der Agrarwirtschaft genauer beleuchtet und es sollen Möglichkeiten zur Bekämpfung der Dead Zone genannt werden. Zum Schluss wird die Problematik zusammengefasst und ein Ausblick gegeben.

2. Übersicht und geographische Prozesse

In diesem Kapitel wird eine kurze geographische Übersicht über den Mississippi und sein Einzugsgebiet gegeben. Anschließend werden Deltas sowie der Prozess der Stratifizierung erklärt. Da die Todeszone am Fuß des Mississippi liegt, bilden diese Prozesse die Grundlage für die Einleitung von Nährstoffen in den Golf von Mexiko.

2.1 Der Mississippi

Der US-amerikanische Mississippi River ist 3.778 km lang. Er entspringt in Minnesota und mündet in Louisiana, bei New Orleans, in den Golf von Mexiko. Somit durchfließt er fast das gesamte Gebiet der Vereinigten Staaten von Norden nach Süden. Dabei durchquert er die Bundesstaaten Minnesota, Illinois, Missouri, Kentucky, Arkansas, Tennessee, Mississippi und Louisiana. Zudem bildet er die Grenzen von Iowa und Wisconsin. Es existieren zahlreiche Nebenflüsse, mit denen der Mississippi sich vereinigt und dadurch das gesamte Gebiet zwischen den zwei Randgebirgen Rocky Mountains im Westen und den Appalachen im Osten bewässert. Der längste dieser Nebenflüsse ist der Missouri. Die Vereinigung der beiden Flüsse ist rund 6.000 km lang, der Mississippi-Missouri ist somit das viertgrößte Flusssystem der Welt. Allgemein kann der Mississippi in einen Ober- und Unterlauf geteilt werden. Der Oberlauf reicht von der Quelle in Minnesota bis zur Einmündung des Ohio River und der Unterlauf vom Ohio River bis zur Mündung in den Golf von Mexiko. Das gesamte Einzugsgebiet erstreckt sich über 31 US-Bundesstaaten und umfasst circa 3,2 Millionen km^2. Durch seine geographische Lage und seinen Verlauf stellt der Mississippi einen wichtigen Transportweg dar. Die größten amerikanischen Landwirtschaftszonen liegen entlang des Mississippi, knapp die Hälfte aller Farmen sind im Mississippi River Basin in Illinois angesiedelt (Tiesbohnenkamp, o.J., o.S.).

2.2 Das Meer und der Fluss – Deltas

Die weitläufige Einleitung von Wasser aus dem Mississippi durch das Mississippi-Delta spielt für die Entstehung der Todeszone im Golf von Mexiko eine wichtige Rolle. Im Folgenden sollen Deltas und ihre Formen genauer analysiert werden.

Deltas sind verzweigte Mündungen eines Flusses in einen See oder in das Meer. Der Grundriss einiger Deltaformen erinnert an den griechischen Großbuchstaben Delta (Δ), wovon der Name abgeleitet wird. Die Spitze ist dabei zum Fluss gerichtet. Deltas entstehen durch Sedimentation der im Fluss enthaltenen Geröll- und Schwebfracht. Die schwere Geröllfracht, bestehend aus Kies und Sand, wird beim Eintritt des Flusses ins Meer sofort abgelagert. Die leichtere Schwebfracht, bestehend aus Schluff und Ton, wird weiter hinausgetragen und sinkt dort zu Boden. Dabei entstehen verschiedene Schichten (Ahnert, 2015, S. 223).

Abbildung 1:

Schichten eines Deltas (Ahnert, 2015, S. 224)

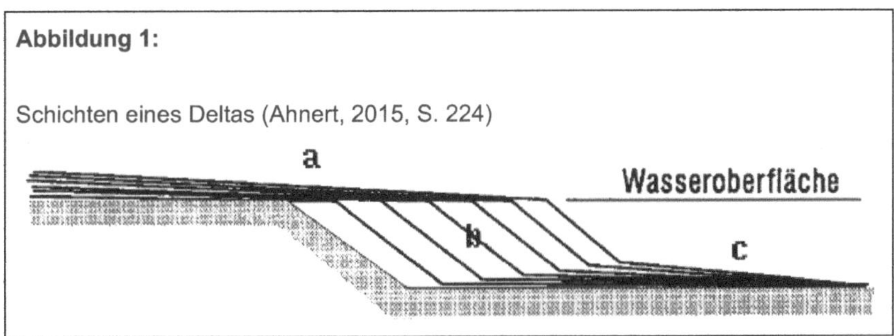

Abbildung 1 zeigt die drei charakteristischen Schichten eines Deltas. Die Schwebfracht lagert sich annähernd horizontal zur hintersten Schicht ab. Diese wird Bodenschicht, oder bottomset bed, genannt und ist in Abbildung 1 mit dem Buchstaben c markiert. In der Böschungsschicht, dem foreset bed, Buchstabe b, wird die Geröllfracht im geneigten Winkel Lage um Lage weiter vorgebaut. Die vordere Deckschicht, auch topset bed genannt und mit Buchstabe a markiert, entsteht durch annähernd horizontale Schichtung der Sedimente. Bei Hochwasser im Fluss werden die seitlichen Dämme überflutet und es entstehen weitere Mündungsarme. Jeder Arm baut hierbei die dreigliedrige Deltaschichtung weiter und verlängert sich nach vorn. In einem See kann es dadurch zu einem unkontrollierten Ausbau des Deltas kommen, bis dieses den ganzen See bedeckt. Im Meer nimmt die Wellenkraft bei zunehmender Entfernung zum Fluss zu und die Sedimentationskraft entsprechend ab, wodurch das Wachstum des Deltas hier begrenzt ist (Ahnert, 2015, S. 223ff.).

In Abhängigkeit der jeweiligen Wellenkraft und Küstenlinie entstehen verschiedenste Deltaformen. Grundsätzlich wird in gezeitendominierte, wellendominierte und flussdominierte Deltas unterschieden (Strahler & Strahler, 2009, S. 627).

Abbildung 2:

Klassifikation von Deltas (Dikau et al., 2019, S. 389)

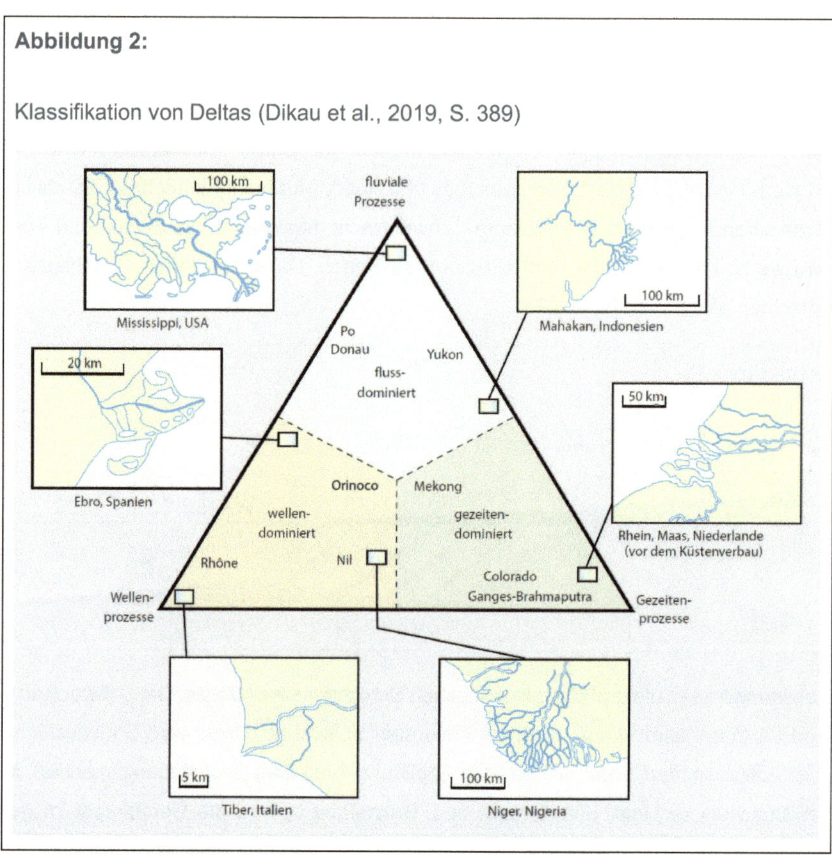

Abbildung 2 zeigt diese Unterscheidung in Abhängigkeit der jeweilig überwiegenden Prozesse. In gezeitendominierten Deltas vermischen sich Gezeiten- und Flussströmungen, sodass sogenannte Ästuardeltas entstehen, welche eine trichter- beziehungsweise schlauchförmige Flussmündung aufweisen. Ein Beispiel hierfür stellt das vereinigte Delta des Rheins und der Maas dar. Wellendominierte Deltas entstehen, wenn Wellen und Küstenströmungen die fluvial angelieferten Sedimente aufnehmen. Mit zunehmender Wellenenergie sind diese durch eine Bogenform gekennzeichnet, wie dies beispielsweise beim Nil-Delta der Fall ist. Entsprechend dieser Bogenform werden diese Deltas als Bogendeltas bezeichnet. In flussdominierten Deltas existieren keine nennenswerten Einflüsse von Wellen- oder Gezeitenprozessen. Die Materialdeposition erfolgt also rein fluvial, oft über mehrere

Gerinne eines Flusses. Zu dieser Deltaform gehört das Mississippi-Delta. Dieses ist ein sogenanntes Vogelfuß-Delta oder Fingerdelta (Dikau et al., 2019, S. 388f.).

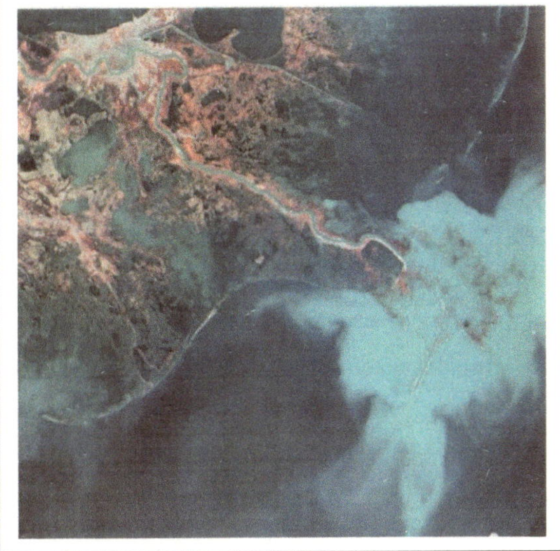

Abbildung 3:

Vogelfuß-Delta des Mississippi (Strahler & Strahler, 2009, S. 626)

Wie Abbildung 3 zeigt, existieren bei dieser Deltaform zahlreiche verzweigte Nebenarme. An deren jeweiligen Enden ragen Finger heraus, wodurch das Flusswasser und die Sedimente des Mississippi weit ins Meer hineingeleitet werden. Pro Jahr wächst das Mississippi-Delta so um bis zu 60 m (Strahler & Strahler, 2009. S. 628).

2.3 Stratifizierung

Im Vogelfuß-Delta des Mississippi lagert sich durch die besondere Deltaform über die zahlreichen Nebenarme das leichtere Süßwasser aus dem Fluss über dem schwereren Salzwasser des Meeres ab und fungiert als eine Art Deckel (maribus gGmbH, 2010, S. 80). Der zugrundeliegende Prozess heißt Stratifizierung.

Stratifizierung, oder Stratifikation, ist eine Schichtung des Wassers. Diese Schichtung ist üblicherweise temperaturbedingt. Grund hierfür ist die Dichteanomalie des Wassers: Reines, nicht salzhaltiges Wasser ist bei einer Temperatur von 4°C am schwersten. Eine Abweichung von dieser Temperatur, ob wärmer oder kälter, macht das Wasser entsprechend leichter. Im Sommer bildet sich somit ein typischer Stockwerksbau: Die Wasseroberfläche erwärmt sich, warmes Wasser mit geringer Dichte bildet die Oberflächenschicht, welche Epilimnion genannt wird. Das Epilimnion ist in Seen einige Meter und in Meeren bis zu 100 m mächtig. Unter dem Epilimnion liegt die Sprungschicht, auch Metalimnion oder Thermokline. Die Temperaturen nehmen hier schnell ab. Aus diesem Grund existieren über wenige Meter große Dichteunterschiede im Wasser. Dies bedingt eine hohe Stabilität, weshalb eine Vermischung der darüber- oder darunterliegenden Schicht viel Energie benötigt. Die Tiefenschicht des Wassers, das Hypolimnion, ist dadurch von der Atmosphäre abgeschnitten und es kann kein Austausch mit dieser stattfinden. Grund für die thermische Schichtung des Wassers im Sommer ist die ungleichmäßige Erwärmung der verschiedenen Schichten des Wassers. In den kälteren Jahreszeiten kühlt die Wasseroberfläche ab und gleicht sich der Temperatur des Tiefenwassers an. Somit besitzen die Schichten nun eine gleiche Dichte und der Kontakt des Tiefenwassers mit der Atmosphäre ist wieder möglich, wodurch neuer Sauerstoff aufgenommen werden kann. Wenn diese erneute Durchmischung des Wassers bis hin zum Grund reicht, wird von Vollzirkulation gesprochen. Doch ist dies nicht immer der Fall: In großen Ozeanen gibt es neben der Sommerthermokline eine weitere, permanente Thermokline. Diese entsteht, wenn sich sehr kaltes Polarwasser unter das mitteltiefe Wasser schiebt. Die winterliche Abkühlung des Wassers reicht zumeist nicht bis zu dieser tieferliegenden permanenten Thermokline, da die Windstärke zu schwach ist. Es entstehen deshalb verschiedene Teilzirkulationen (Sommer, 1996, S. 13ff.).

Verstärkt wird die Stratifizierung durch den Klimawandel. Mit der Erderwärmung geht auch eine Erhöhung der Temperatur in der Oberflächenschicht des Wassers einher. Somit wird das Gefälle zwischen Epilimnion und Hypolimnion noch größer und die Durchmischung des Wassers demnach schwächer. Der Sauerstoffmangel im Tiefenwasser wird hierdurch weiter verstärkt (Schmidtko et al., 2017, S. 335).

Die Dichteanomalie des Wassers spielt auch beim Fuße des Mississippi eine Rolle: sie tritt nur bei Süßwasser oder Wasser mit einem Salzgehalt von bis zu 2,74% auf. Im Salzwasser gibt es sie nicht, denn dieses ist am schwersten, wenn es kurz vor dem Gefrieren ist. In der Folge verbleibt das oberflächig eingeleitete Flusswasser aus dem Mississippi auch über dem Meerwasser des Golfs von Mexiko (Sommer, 1996, S. 13). Die Folge ist dieselbe wie bei der temperaturbedingten Schichtung: In der tiefen Salzwasserschicht kann kein Austausch mit der Atmosphäre stattfinden und somit kein Sauerstoffnachschub dorthin gelangen.

3. Biologische und biochemische Prozesse

Um die Bedeutung von Sauerstoff und die Entstehung von Sauerstoffmangel in bestimmten Wasserschichten zu verstehen, müssen mikrobiologische Prozesse und Stoffkreisläufe im Wasser in den Blick genommen werden. Daher wird nun zuerst das Plankton und seine wichtige Rolle im Nahrungsnetz beschrieben. Anschließend werden die Rollen von Phosphor und Stickstoff in Gewässern dargestellt. Diese Ausführungen bilden die Basis für jene Prozesse, welche von einer erhöhten Nährstoffkonzentration im Golf von Mexiko hervorgerufen werden und daher eng mit der Entstehung der Todeszone in Verbindung stehen.

3.1 Die Mikrobiologie des Wassers – Plankton

Als Plankton werden im Wasser lebende Mikroorganismen mit geringer Fortbewegung bezeichnet. Es gibt eine Vielzahl von Unterteilungen, beispielsweise nach Größe (Schönborn, 2003, S. 237f.). Für diese Arbeit ist jedoch die Funktion ausschlaggebend. Daher wird in dieser Arbeit in zwei Hauptgruppen unterschieden.

Das Phytoplankton ist das pflanzliche Plankton. Zu ihm werden die als Blaualgen benannten Cyanobakterien und die Grünalgen, die im engen Sinne pflanzlichen Algen, gezählt. Phytoplankter sind sogenannte Primärproduzenten, da sie organische Substanz aus anorganischen Ausgangsmaterialien produzieren können. Diese Lebensweise wird als autotroph bezeichnet. Dadurch stellen sie das unterste Glied in der Nahrungskette dar. Sie betreiben Photosynthese, nutzen also Lichtenergie, um aus Kohlenstoff und Wasser organische Verbindungen aufzubauen. Dies geschieht unter der Freisetzung von Sauerstoff als Abfallprodukt. Außerdem nehmen sie Nährstoffe aus dem Wasser auf und bauen diese in die Biomasse ein (Sommer, 1996, S. 35ff.).

Zooplankton, das tierische Plankton, umfasst Protozoen, sprich Einzeller, und mehrzellige Tiere. Im Vergleich zu den Phytoplanktern ist Zooplankton heterotroph, kann aus anorganischen Ausgangsmaterialien demnach keine organischen Verbindungen herstellen. Zooplankter müssen diese deshalb durch das Fressen anderer Organismen oder derer Teile aufnehmen. Hierbei wird von Grasen gesprochen. Somit sind die Zooplankter abhängig von den Primärproduzenten und werden aus diesem Grund auch Primärkonsumenten genannt (Sommer, 1996, S. 59f.).

Im Nahrungsnetz nehmen beide Planktonarten bestimmte Rollen ein: Phytoplankter ernähren sich von Licht, Kohlenstoffdioxid und Nährstoffen, während sich Zooplankter wiederum vom Phytoplankton ernähren. Zooplankter werden von Fischen gefressen, welche dann von größeren Fischen gefressen werden. Folgende Auflistung nach Sommer (1996) beschreibt diese Nahrungskette genauer und macht die wichtige Rolle der zwei Planktonarten ersichtlich:

- Ebene 0: Mineralische Nährstoffe und Licht, welche die Ernährungs-voraussetzungen für das Phytoplanktonwachstum darstellen,
- Ebene 1: Phytoplankter als Primärproduzenten,
- Ebene 2: Zooplankter als Primärkonsumenten,
- Ebene 3 und 4: Sekundär- und Tertiärkonsumenten, sprich Tiere, welche die Zooplankter fressen und jene, die ebendiese wiederum fressen.

Dem Phytoplankton kommt hier also die allerwichtigste Rolle zu, da es die Grundlage für alle Nahrungsnetze im Wasser und somit auch die Grundlage für das Leben im Wasser bildet (Sommer, 1996, S. 125f.).

3.2 Die Rolle von Phosphor und Stickstoff

Zuvor wurde die Bedeutung von Plankton im Wasser dargestellt. Dabei wurde auch die Aufnahme von Nährstoffen und der Einbau in die Biomasse thematisiert. Die Rolle zweier spezifischer chemischer Elemente soll nun genauer erklärt werden: Phosphor und Stickstoff. Sie spielen als Algennährstoffe in Gewässern die wichtigste Rolle (Sommer, 1996, S. 157).

3.2.1 Phosphor in Gewässern

Phosphor ist am Einbau von Nährstoffen in die Biomasse von Plankton beteiligt, welcher in Kapitel 3.1 behandelt wurde. Da Phosphor normalerweise aber nur in geringer Konzentration im Wasser zu finden ist, ist er limitierender Faktor für die dortige Primärproduktion (Schönborn, 2003, S. 152). Phosphor liegt im Wasser zumeist als Phosphat (PO_4^{3-}) oder Hydrogenphosphat (HPO_4^{2-}) vor (Farley, 2012, S. 261). Aus Kohlenstoffdioxid, Wasser, Nitrat sowie Hydrogenphosphat, angetrieben durch Licht, entsteht Algenbiomasse unter Freisetzung von Sauerstoff (Wehrli, 1993, S. 9):

$$106\ CO_2 + 122\ H_2O + 16\ NO_3^- + \mathbf{HPO_4^{2-}} + 18\ H^+ + Licht \rightarrow C_{106}H_{263}O_{110}N_{16}\mathbf{P} + 138\ O_2$$

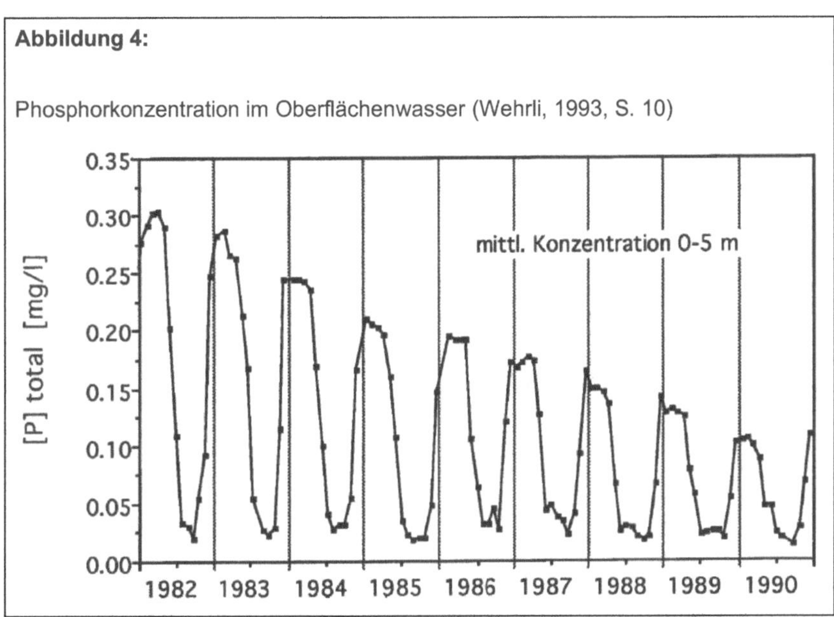

Abbildung 4:

Phosphorkonzentration im Oberflächenwasser (Wehrli, 1993, S. 10)

Abbildung 4 illustriert die Entwicklung der Phosphorkonzentration in den obersten 5 m des Baldeggersees in der Schweiz. Im Sommer bedingt die starke Sonneneinstrahlung ein hohes Algenwachstum. Demnach ist eine starke Abnahme der Phosphorkonzentration in den obersten Metern zu beobachten. Wenn Algen absterben, setzen sie sich ab und bringen dementsprechend eine große Menge abbaubarer Biomasse mit Phosphor in das Tiefwasser. Dieses ist im Sommer wegen der thermischen Schichtung von der Atmosphäre abgetrennt (vgl. Kapitel 2.3), sodass kein Sauerstoff in diese Ebene gelangt. Am Grund läuft die Reaktion umgekehrt ab: Algenbiomasse wird zusammen mit Sauerstoff wieder zu den Ausgangsprodukten Kohlendioxid, Nitrat und Phosphat abgebaut. In den kälteren Jahreszeiten findet aufgrund verringerter Sonneneinstrahlung weniger Einbau in die Biomasse statt, sodass die Phosphorkonzentration in dieser Zeit wieder steigt. Des Weiteren zeigt die Abbildung, dass sich die insgesamte Phosphorkonzentration des Baldeggersees von 1982 bis 1990 halbiert hat.

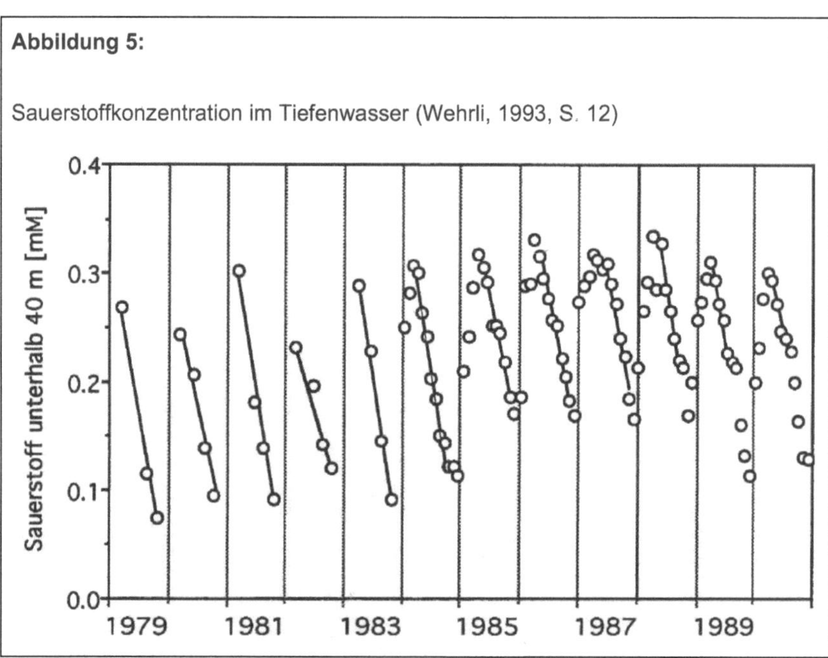

Wie in Abbildung 5 dargestellt, wird das Sauerstoffreservoir des Tiefwassers im Sommer aufgrund der Zersetzung der Biomasse unter Sauerstoffzehrung und des fehlenden Sauerstoffnachschubs schnell aufgebraucht. Dementsprechend sinkt die Sauerstoffkonzentration im Sommer stark ab. Erst in der kälteren Jahreszeit wird die Sommerthermokline aufgelöst. Die Sauerstoffkonzentration steigt wieder an, da ein erneuter Austausch des Tiefenwassers mit der Atmosphäre möglich ist.

Zusammenfassend lässt sich sagen: Phosphor bedingt zuerst das Algenwachstum unter der Freisetzung von Sauerstoff. Wenn die Algen jedoch absterben, kehrt sich die Reaktion um. Bei dieser Umkehrreaktion wird wiederum Sauerstoff benötigt, aufgrund der Stratifizierung des Wassers kann jedoch kein Austausch der unteren Wasserschicht mit der Atmosphäre stattfinden. Demnach kann kein neuer Sauerstoff in diese Schicht nachdringen (Wehrli, 1993, S. 9ff.).

3.2.2 Stickstoff in Gewässern

Stickstoff ist ebenfalls an Biomasseprozessen der Algen beteiligt. Grundsätzlich kann man sich dabei am Stickstoffkreislauf orientierten.

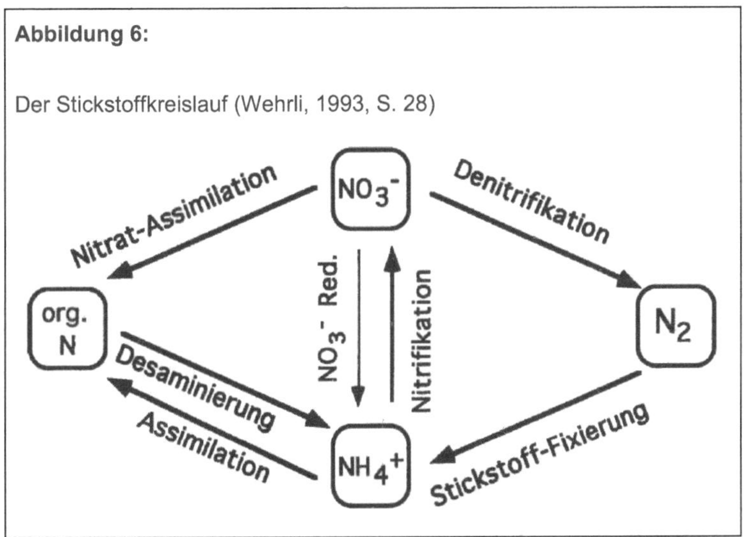

Abbildung 6:

Der Stickstoffkreislauf (Wehrli, 1993, S. 28)

In Abbildung 6 ist der Zusammenhang der einzelnen Glieder des Stickstoffkreislaufs dargestellt. Diese werden nun genauer beleuchtet. Auf der Erde kommt elementarer Stickstoff (N_2) am häufigsten vor. Dieser kann von Mikroorganismen fixiert und zu Ammoniak (NH_3) reduziert werden. Ammoniak enthält das Ammonium-Ion (NH_4^+) welches zusammen mit Nitrat (NO_3^-) das Ausgangsprodukt für den Einbau von Stickstoff in die Biomasse darstellt. Dieser Einbauprozess wird Assimilation genannt:

$$106\ CO_2 + 122\ H_2O + 16\ \mathbf{NO_3^-} + HPO_4^{2-} + 18\ H^+ + Licht \rightarrow C_{106}H_{263}O_{110}\mathbf{N_{16}}P + 138\ O_2$$

Umgekehrt wird bei organischem Zerfall durch Desaminierung wieder Ammoniak hergestellt und dementsprechend Ammonium freigesetzt. Bakterien nehmen eine Schlüsselrolle beim Stickstoffkreislauf ein. Sie können Ammonium mit Sauerstoff wieder zu Nitrat oxidieren. Dieser Prozess nennt sich Nitrifikation und läuft in zwei Schritten ab: Zuerst wird das Ammonium-Ion mit Sauerstoff zu Nitrit oxidiert, anschließend wird das Nitrit mit Sauerstoff zu Nitrat oxidiert:

$$\mathbf{NH_4^+} + 1.5\ O_2 \rightarrow NO_2^- + 2\ H^+ + H_2O + Energie$$
$$NO_2^- + 0.5\ O_2 \rightarrow \mathbf{NO_3^-} + Energie$$

Stickstoff wird demnach in Form von Ammonium oder Nitrat bei der Assimilation unter Freisetzung von Sauerstoff in die Biomasse eingebaut. Bei deren Zerfall wird jedoch wieder Ammonium freigesetzt und der Sauerstoff verbraucht. Zusätzlich wird bei der Nitrifikation Ammonium unter weiterer Sauerstoffzehrung zu Nitrat oxidiert (Wehrli, 1993, 25ff.).

Die eben beleuchtete Sauerstoffzehrung bei stratifizierten Gewässern durch biologische Abbauvorgänge bildet ebenfalls eine Grundlage für die Dead Zone im Golf von Mexiko. Sie kann zu Sauerstoffmangel führen und das maritime Leben somit beeinträchtigen.

3.3 Eutrophierung

Das Konzept und die Forschung um den Prozess der Eutrophierung hat seinen Ursprung in der Seenforschung. C. A. Weber formuliert 1907 die Begriffe eutroph, mesotroph und oligotroph zur Beschreibung unterschiedlicher Zustände von Mooren. 1919 überträgt E. Naumann diese Begriffe auf schwedische Seen und deren Wassertypen in Abhängigkeit ihres jeweiligen Mineralgehaltes: oligotroph für Süßwasser, mesotroph für leicht salziges Wasser und eutroph für Salzwasser. Allerdings ist mit den Verfahren zu Naumanns Zeit noch keine zuverlässige Messung der Mineralstoffe möglich, weshalb er sich an der Vegetation als Indikator orientiert (Farley, 2012, S. 258). Seine Herangehensweise geht vom Anteil des Phytoplanktons aus: Seen mit viel Phytoplankton müssen für Naumann auch viele Nährstoffe enthalten. Jene mit weniger Phytoplankton dementsprechend wenig. Die für ihn wesentlichen Nährstoffe stellen dabei Stickstoff und Phosphor dar. Naumann übernimmt aus der Moorforschung die Begriffe eutroph für nährstoffreich und oligotroph für nährstoffarm. Ausschlaggebend ist für ihn folglich der Trophiegrad, sprich Nährstoffgehalt, des Wassers. Diese Einteilung wird später von anderen Forschern anerkannt (Schönborn, 2003, S. 3f.). Oligotrophe Gewässer mit ihrer geringen Nährstoffkonzentration, hoher Biodiversität und klarem Wasser können heute als die jene Gewässer angesehen werden, welche nicht oder nur zu kleinen Teilen von Eutrophierungsprozessen betroffen sind und in denen somit keine Beeinträchtigungen des Ökosystems vorliegen (Townsend et al., 2009, S. 454). J. Lund tritt 1972 dafür ein, den Begriff eutroph nur auf Effekte anzuwenden, die von Nährstoffen für Pflanzen hervorgerufen werden. Weiterhin empfiehlt er die Verwendung zweier weiterer Begriffe: Allochthon, beziehungsweise von außen eingetragen, und autochthon, also an Ort und Stelle entstanden. Der biological oxygen demand eines Gewässers, sprich wie viel Sauerstoff von Bakterien und anderen Mikroorganismen bei der Zersetzung von Biomasse verbraucht wird, ist demnach Ergebnis allochthoner Produktion. Eine Nährstoffzufuhr stimuliert hingegen die autochthone Produktion (Farley, 2012, S. 262).

Da es zum Prozess der Eutrophierung heute viele Definitionen gibt, sollen im Folgenden exemplarisch zwei Definitionen Erwähnung finden. Für Schönborn bedeutet Eutrophierung schlicht Steigerung der Trophie (Schönborn, 2003, S. 391).

Abbildung 7:

Stufen der Trophie (Schönborn, 2003, S. 387)

Kriterium	oligotroph	mesotroph	eutroph	polytroph	hypertroph
Frühjahrszirkulation					
$PO_4 - P$ [µg l⁻¹]	± 5	± 10	± 30	± 50	> 50
Gesamt P [µg l⁻¹]	< 15	15–45	45–150	150–1.500	> 1.500
N (anorg. geb.) [µg l⁻¹]	± 300	± 500	± 1.000	± 1.500	> 1.500
Stagnation (Epilimmion)					
$PO_4 - P$ [µg l⁻¹]	bis 2	bis 5	bis 100	> 100	> 500
Gesamt P [µg l⁻¹]	± 15	± 40	40–300	> 300	> 500
N (anorg. geb.) [µg l⁻¹]	± 10	± 30	± 100	> 100	> 500
Chlorophyll a [µg l⁻¹]	± 3	± 10	10–40	40–60	>60
Primärproduktion des Phytoplanktons (vorwieg. Bruttoproduktion) [gCm⁻²a⁻¹]	< 100	± 150	± 250	± 400	> 500
Secchi-Sichttiefe [m]	6–14	± 4	1–2	± 0,5	< 0,5

Dieser Definition folgend wird dem Gewässer bei einer Eutrophierung ein nächsthöherer Trophiegrad zugeordnet. Abbildung 7 lässt hier ebenfalls eine Abhängigkeit des Trophiegrades von der Konzentration von Phosphor und Stickstoff erkennen. Bei den Stufen der Trophie spielt neben diesen beiden Nährstoffen auch der Chlorophyllgehalt des Wassers eine Rolle. Chlorophyll ist der grüne Farbstoff der Pflanzen, der sich bei höherer Nährstoffkonzentration und dadurch bedingtem Wachstum der Biomasse entsprechend auch erhöht. Die Sichttiefe verringert sich entsprechend durch Trübung. Die Abbildung zeigt ebenfalls, dass die drei ursprünglichen Trophiegrade oligotroph, mesotroph und eutroph um zwei weitere Trophiegrade ergänzt wurden: Polytroph und hypertroph bezeichnen entsprechend hochgradig mit Nährstoffen angereicherte Gewässer.

Auch bei der Definition im Rahmen einer Richtlinie der Europäischen Union von 1991 ist die Abhängigkeit von Phosphor und Stickstoff erkennbar: Hier ist die Rede von der Anreicherung von Wasser mit Nährstoffen, insbesondere Phosphor und Stickstoff. Die Folge ist ein erhöhtes Algenwachstum und eine Beeinträchtigung des biologischen Gleichgewichts sowie der Wasserqualität (Europäischer Rat, 1991, o.S.).

Eine Eutrophierung kann auch natürlich bedingt sein. Diese wird dann jedoch nicht durch Nährstoffe hervorgerufen, sondern durch die Verlandung eines Sees. Dieser Prozess dauert zudem Jahrhunderte bis Jahrmillionen. Insgesamt bedeutet dies, dass Eutrophierung heute ein ökologisch negativ konnotierter Begriff ist und generell als anthropogenes und zu bekämpfendes Umweltproblem angesehen wird. Über 415 Areale weltweit sind aktuell von einer Eutrophierung betroffen, darunter 78% der US-Küsten und 65% europäischer Atlantikküsten (Selman et al., 2008, S. 1f.).

4. Die Entstehung der Dead Zone im Golf von Mexiko

Wie die Todeszone im Golf von Mexiko entsteht, soll in diesem Kapitel geschildert werden. Dazu wird zuerst beleuchtet, welche Rolle hierbei die Landwirtschaft der USA spielt. Anschließend werden die naturwissenschaftlichen Prozesse aus den vorherigen Kapiteln auf die Situation im Golf von Mexiko angewendet.

4.1 Nährstoffeintrag

Durch ihre Beteiligung an den Stoffkreisläufen in Gewässern (vgl. Kapitel 3.2.1 und 3.2.2) stellen Phosphor und Stickstoff die wichtigsten Nährstoffe bei den Prozessen der menschengemachten Eutrophierung dar. Die starke Erhöhung der Konzentration dieser Stoffe ist allgemein auf das starke Bevölkerungswachstum und das damit zusammenhängende Industriewachstum sowie die Intensivierung der Landwirtschaft zurückzuführen. Gemessen wurde, dass hiermit eine Verdopplung der Stoffe im Vergleich zur Natur herbeigeführt wurde (Selman et al., 2008, S. 2). Die Quellen dieser beiden Stoffe sollen nun genauer beschrieben werden.

Die größte Quelle stellt der sogenannte Corn Belt in den Vereinigten Staaten dar. Dieser Begriff bezeichnet ein nicht komplett einheitlich definiertes Gebiet im mittleren Westen der USA. Es reicht von Missouri im Süden bis Minnesota im Norden und von Ohio im Osten bis Kansas im Westen. Der Name ist historisch auf die exzessive Produktion von Mais (englisch: corn), zurückzuführen (Shvili, 2021, o.S.). Der Mittelwesten der USA dominiert die Maisproduktion: 87,1% der gesamten US-amerikanischen Produktion erfolgen allein in diesem Gebiet. Nur die zwei Staaten Iowa und Illinois machen circa 40% der gesamten US-amerikanischen Maisproduktion aus (Windhorst, 1975, S. 3). Seit den 1850ern haben die Farmer ihre Anbaugebiete vergrößert, während gleichzeitig neue Techniken entwickelt wurden. Jährlich werden im Corn Belt mehr als 10 Milliarden Bushel Mais produziert, was circa 2,5 Millionen Tonnen entspricht (Shvili, 2021, o.S.). Die Umweltorganisation Mighty Earth berichtet, dass das US-amerikanische Nahrungsmittelunternehmen Tyson Foods wöchentlich 125.000 Rinder, 415.000 Schweine und 35 Millionen Hühner schlachtet. Allein für diese Tiere werden circa fünf Millionen Hektar Anbaufläche für Mais benötigt (Mighty Earth, 2017, S. 5). Die Sojabohne ist ebenfalls eine wichtige neue Futterpflanze. Aufgrund ihrer verkürzten Vegetationszeit kann sie schnell eingebracht werden und ist damit dem Mais überlegen. Mittlerweile ist die Nachfrage nach Sojaöl sowie den Sojabohnen groß. Die Sojabohne ist zudem ebenfalls im Rahmen der Tierhaltung einsetzbar (Windhorst, 1975, S. 3f.). Sie gehört zu den nitrifizierenden Pflanzen, das heißt sie wandelt dem Stickstoffkreislauf entsprechend (vgl. Kapitel 3.2.2) Ammoniak in Nitrat um, welches später ausgewaschen werden kann (Malakoff, 1998, S. 190ff.). Der Corn Belt spielt eine wichtige Rolle für den Klimawandel. Die riesige Menge an angebauten Maispflanzen wirkt der Erwärmung des Gebietes entgegen: Die Temperatur im Sommer ist im Corn Belt entsprechend um 1 °C gesunken. Zudem führt die Photosynthese, welche von dieser großen Menge an Pflanzen betrieben wird, zu Wasserdampf in der Luft. Die Regenfälle in dieser Region sind daher um 35% angestiegen. Nichtsdestotrotz hat circa 35% der Region bereits seine Fruchtbarkeit verloren. Übrig bleiben dort nährstoffarme Oberböden. Durch fehlende Bepflanzung sind diese von Erosion betroffen, was dazu führt, dass auch Nährstoffe aus tieferen Bodenschichten in Gewässer und Flüsse gelangen (Shvili, 2021, o.S.).

Der Corn Belt spielt eine sehr große Rolle beim Nährstoffeintrag in den Mississippi. Er stellt die stärkste Quelle des im Golf von Mexiko ankommenden Stickstoffs dar: Elf Millionen Tonnen und damit knapp 60% des eingetragenen Stickstoffs kommen aus diesem Gebiet (Malakoff, 1998, S. 190ff.). Farley unterscheidet bei Nährstoffquellen zwei Arten genauer: Point sources, wie Abwasser, Industrieabfälle und Fischzuchten sind genau und punktuell verortbar. Diffuse sources hingegen sind nicht genau verortbar. Zu ihnen zählen Dünger, Viehdung und Schlamm, welcher mit Böden in Kontakt kommt. Überflutungen von Klärgruben oder Ausflüsse aus Kanalisationen sind ebenfalls ein Problem (Farley, 2012, S. 262). In Asien, Afrika und Lateinamerika bleibt Abwasser oft ungeklärt und ist daher ausschlaggebend beim Nährstoffeintrag. In den USA und Europa hingegen stellt die Agrarwirtschaft, im Corn Belt entsprechend der Anbau von Mais und Soja sowie die Haltung von Nutzvieh, die größte Nährstoffquelle dar. Das Abwasser ist dort eher sekundär. Atmosphärischer Stickstoff ist neben dem in den Böden enthaltenem Stickstoff ebenfalls ein wichtiger Faktor. Seine Konzentration wird erhöht durch fossile Brennstoffe und vor allem Kunstdünger (Selman et al., 2008, S. 3). Der Grund dafür liegt beim Haber-Bosch-Verfahren. Seit 1913 kann mit Hilfe dieses Verfahrens elementaren Stickstoff (N_2) zu Ammoniak (NH_3) umgewandelt werden. Seitdem stellt es die Basis der Düngermittelherstellung dar. Vor diesem Verfahren waren Landwirte auf stickstoffreichen Viehdung aus der Viehhaltung angewiesen. Dieser ist schwer zu transportieren, weshalb Viehzucht zu dieser Zeit in Feldnähe betrieben werden musste. Durch den Kunstdünger wird der Viehdung nicht mehr länger von den Landwirten benötigt und als Abfall entsorgt. Das beim Haber-Bosch-Verfahren hergestellte Ammoniak kann sich in die Atmosphäre verflüchtigen (Begon et al., 2017, S. 537). Dort wird er dann über Schneefall, Regen und Wind wieder auf das Land oder in das Wasser eingetragen (Selman et al., 2008, S. 3). 10-40% des im Golf von Mexiko ankommenden Stickstoffs stammen entsprechend aus der Atmosphäre (Kennish, 2016, S. 305). Phosphor gelangt vor allem nach der Waschmittelherstellung sowie durch Kläranlagen, Abwasserversickerung und über intensiv landwirtschaftlich genutzte Flächen in das Grundwasser (Hölting & Coldewey, 2013, S. 363f.).

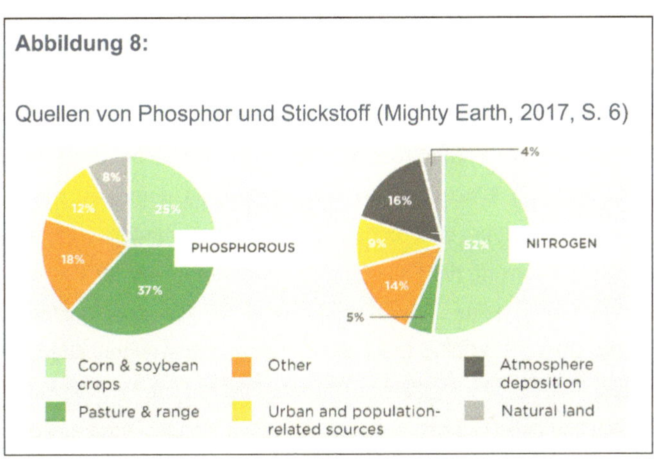

Abbildung 8 fasst die dargestellten Quellen für Phosphor und Stickstoff passend zusammen: Für Phosphor stellt Viehdung mit 37% die größte Quelle dar, gefolgt vom Soja- und Maisanbau. Auch die erwähnten Quellen, welche mit städtischen Strukturen in Zusammenhang stehen, wie beispielsweise Abwasser, sind mit 12% nicht zu vernachlässigen. Mais- und Sojafelder sind beim Stickstoff sogar mehr als die Hälfte der Quellen. Zudem verflüchtigen sich 16% des Stickstoffs in die Atmosphäre.

Im Frühjahr waschen schmelzender Schnee und Frühlingsregengüsse überschüssige Nährstoffe aus dem Boden aus. So gelangen diese über Umwege in den Mississippi. Dort werden sie bis zum Fuße des Mississippi getragen und über das Delta (vgl. Kapitel 2.2) in den Golf von Mexiko eingeleitet.

4.2 Prozesse im Ökosystem und Folgen

In den vorherigen Kapiteln wurde bereits die Funktion von Plankton (vgl. Kapitel 3.1) sowie die Bedeutung von Phosphor und Stickstoff (vgl. Kapitel 3.2) erläutert. Beide Stoffe haben demnach eine große Bedeutung bei der Biomasseproduktion von Algen. Sie fungieren als eine Art Algendünger. Es existiert ein klarer positiver Zusammenhang zwischen der Konzentration von Phosphor und dem Vorkommen von Phytoplankton. Zudem erhöht sich die Stickstoffkonzentration, wenn die Phosphorkonzentration steigt (Farley, 2010, S. 259). Basierend auf den Darstellungen zum Prozess der Eutrophierung (vgl. Kapitel 3.3) kann nun die Folge eines Nährstoffeintrages in das Ökosystem des Golfs von Mexiko chronologisch dargestellt werden.

Wenn die Nährstoffe das Ökosystem der Küste erreichen, bedingen sie ein exzessives Wachstum des Phytoplanktons durch den Einbau der Nährstoffe in die Biomasse. Durch seine Funktion als Primärproduzent und die damit verbundene Grundlage im Nahrungsnetz führt ein Wachstum des Phytoplanktons demnach auch zu einem Wachstum des Zooplanktons als Primärkonsument. Das nährstoffbedingte Wachstum kann die Zusammensetzung der Phytoplankter verändern, was zur Vorherrschaft von Cyanobakterien führen kann. Diese produzieren für die Zooplankter schädliche Sekrete (Farley, 2010, S. 260ff.). Die Gefahr von toxischen Algenblüten nimmt stark zu. Zwei bekannte Arten dieser giftigen Blüten sind die red tides und brown tides. 1998 löschte eine red tide nahe Hongkong knapp 90% der Fischbestände aus und bedingte einen Schaden von rund 40 Millionen Dollar. Die im Oberflächenwasser entstehende Algenschicht absorbiert bei der Photosynthese und dem Biomasseeinbau Sonnenlicht, wodurch die tieferliegende Vegetation nicht genug Sonnenlicht erhält und stirbt (Selman et al., 2008, S. 2). Sterben die Algen an der Oberfläche ab, sinken sie zu Boden und werden dort von Bakterien zersetzt. Dabei wird im Tiefenwasser Sauerstoff gezehrt (vgl. Kapitel 3.2 und 3.3). Durch die Stratifikation des Wassers (vgl. Kapitel 2.3) im küstennahen Gebiet gelangt kein neuer Sauerstoff aus der Atmosphäre in die tiefe Wasserschicht. Fällt die Konzentration von Sauerstoff in dieser Schicht auf unter 2 mg/l, wird von Hypoxie, also Sauerstoffarmut, gesprochen. Mobile Organismen, wie Krabben oder Fische, können aus dem tödlichen Gebiet entkommen. Weniger mobile Organismen hingegen, wie Seesterne oder Muscheln, haben es schwer und sterben unter Umständen (Malakoff, 1998, S. 190ff.).

Die Folgen für das Ökosystem sind fatal. Das Wasser wird trüb, Arten werden verdrängt oder sterben. Es entsteht eine hypoxische Todeszone (Selman et al., 2008, S. 1). Das Gewässer wird folglich durch anthropogene Eutrophierung zu einem eutrophen Gewässer umgewandelt. In der Konsequenz gehen vor allem in Küstennähe für den Menschen wichtige Ökosystem-Dienstleistungen verloren, darunter die Bereitstellung von Ressourcen wie Fisch, Meeresfrüchten oder Ähnlichem. Auch kulturelle Dienstleistungen wie die Freizeitgestaltung, beispielsweise beim Baden, sind durch die Giftstoffe nicht mehr möglich (Townsend et al., 2009, S. 511).

5. Bekämpfung der Dead Zone

Allgemein lässt sich sagen, dass drei große Schritte erreicht werden müssen, um den Eintrag von Phosphor und Stickstoff zu verringern: Am Anfang steht die Regulierung der Nährstoffe an deren Quellen. Dazu zählen Farmen, Tierfutterplätze und Felder sowie die Verbrennung fossiler Brennstoffe. Der letzte Schritt, welcher unternommen werden könnte, ist die Beseitigung der Nährstoffe während ihres Weges zum Meer. Trotz der schwierigen Umsetzung dieser Schritte gab es in der Vergangenheit bereits Versuche, die Konzentrationen von Phosphor und Stickstoff zu reduzieren (Kennish, 2016, S. 308). In Polen wurden beispielweise Waschmittel mit entweder deutlich weniger oder gar keinen Polyphosphaten vertrieben. So fiel die Phosphorbelastung um 20% (Farley, 2021, S. 269).

Die Todeszone im Golf von Mexiko steht in starkem Zusammenhang mit der Ernährung der US-amerikanischen Bevölkerung. Eine europäische Modellierung zeigt: Würde jeder Einwohner von Paris seine Ernährung so umstellen, dass nicht mehr als 35-40% des Eiweißbedarfs über den Fleischkonsum gedeckt wird, könnte die Stickstoffbelastung der Seine um mehr als die Hälfte reduziert werden. Dies stünde auch im Einklang zu medizinischen Erkenntnissen, was die gesunde Obergrenze des Fleischkonsums betrifft. Zudem hilft der Verzehr von biologisch erzeugten Produkten, statt Produkten, welche unter Einsatz von Kunstdünger erzeugt wurden. Die genannten Punkte setzen jedoch ein Umdenken in der Gesellschaft voraus. (Begon et al., 2017, S. 537f.).

Die banalste Strategie ist vermutlich, weniger Dünger zu verwenden. Im Corn Belt der USA verwenden Landwirte regelmäßig mehr Dünger als ökonomisch und ökologisch sinnvoll ist (Begon et al., 2017, S. 538). Grund hierfür ist, dass vor allem in Industrienationen die Landwirtschaft mit Subventionen unterstützt wird und diese so dazu angehalten wird, ihre Produktivität zu steigern. Daher wird mehr Düngemittel benutzt (Townsend et al., 2009, S. 511). Knapp 40% des Düngers wird jedoch nicht von den Pflanzen aufgenommen und kann leicht ausgewaschen werden (Mighty Earth, 2017, S. 6). In Deutschland existiert ebenfalls ein Problem mit Überdüngung. Hier wurde gemessen, dass über 50 Jahre mit Vervierfachung des Stickstoffverbrauchs nur eine Verdopplung der Erträge einher ging. Es ist also davon auszugehen, dass eine pflanzengerechte Düngung unter Berücksichtigung der spezifischen Klima- und Bodensituationen zu einer Verringerung der Nitrat-Auswaschung führt. Landwirte könnten bei einer Sensibilisierung für dieses Thema sogar Geld sparen. Denn mehr Dünger bedeutet nicht automatisch mehr Ertrag. Dieser bliebe gleich hoch, aber weniger Dünger würde ausgebracht (Hölting & Coldewey, 2013, S. 356ff.). Mit den heutigen technischen Mitteln könnte einfach die optimale Düngermenge der jeweiligen Felder ermittelt und angewendet werden (Mighty Earth, 2017, S. 13). Die Düngung sollte zudem in kleinen Vegetationsperioden passieren und in vegetationsarmen Zeiten, wie dem Winter, sollte idealerweise überhaupt kein Dünger ausgebracht werden. Auch Ernterückstände und deren Stickstoffangebot müssen in den Blick genommen werden (Hölting & Coldewey, 2013, S. 356ff.). Ebenfalls sinnvoll wäre der Einsatz von cover crops in vegetationsarmen Zeiten: Im Winter könnten diese Nebenfrüchte, wie beispielsweise Roggen, angebaut und diese im Frühjahr vor dem Anbau der ökonomisch wertvollen Hauptfrucht, wie dem Mais, geerntet werden. Die Nitratkonzentration der Felder ist im Frühjahr aufgrund der ausgebliebenen Mineralisierung durch Bakterien sowie der ausbleibenden Assimilierung von Pflanzen häufig sehr hoch. Die cover crops könnten das Nitrat aufnehmen, bevor dieses durch die Schneeschmelzen und Niederschläge im Frühjahr ausgetragen wird (Begon et al., 2017, S. 539). Eine Aufnahme von weiteren Früchten in die Rotation fördert zudem die Konzentration von Bodennährstoffen, wodurch wiederum weniger Dünger erforderlich wäre und zudem die Gesamtproduktivität des Bodens erhöht wird. Ein Wiederaufbau von natürlichen Puffern, wie beispielsweise Auen, kann ebenfalls dazu beitragen, dass ausgewaschene Nährstoffe in umliegende Gewässer gelangen (Mighty Earth, 2017, S. 13).

Im Allgemeinen lässt sich sagen, dass es eine breite Aufklärung und Sensibilisierung der Bevölkerung und der Landwirte braucht, um die Eutrophierungsprozesse aufzuhalten und Flussmündungsgebiete zu schützen. Das Bevölkerungswachstum sollte dabei auch im Auge behalten werden, da ein Großteil der Menschen auch zukünftig in der Nähe von Küsten leben wird (Kennish, 2016, S. 308).

6. Fazit und Ausblick

Die im letzten Jahrhundert veröffentlichen Forschungsberichte (wie Malakoff, 1998) über die Problematik der Dead Zone im Golf von Mexiko zeigen, dass die Thematik nicht neu ist. Es stellt sich daher die Frage, aus welchem Grund die Todeszone immer weiterwächst, nachdem Methoden zur Bekämpfung längst bekannt sind. Nicht umsonst betitelt die Environmental Protection Agency in den USA die Verschmutzung mit Stickstoff und Phosphor als die weitverbreitetsten, teuersten und schwierigsten Umweltherausforderungen Amerikas. Nicht zuletzt, weil eine Trinkwasserverschmutzung durch Nitrat Schilddrüsenprobleme, Krebs und sogar Geburtenfehler verursachen kann (Mighty Earth, 2017, S. 6ff.). Mit dem Problem der hypoxischen Todeszone verhält es sich ähnlich wie mit dem Klimawandel und der Erderwärmung: Diese Prozesse stellen die vermutlich größte ökologische Herausforderung unserer Zeit dar, dabei sind Bekämpfungsmethoden lange bekannt. Doch wird sich zeigen, ob die USA ihr Ziel für 2035 erreichen können. Malakoff formuliert die zentrale Problematik treffend: Drei Milliarden Euro und 40.000 Arbeitsplätze der Fischerei im Golf von Mexiko stehen gegen rund 98 Milliarden Euro und eine halbe Million Farmer im Ackerbau des Mississippi-Einzugsgebietes sowie riesige Fleischkonzerne (Malakoff, 1998, S. 190ff.). Ökologie und Wirtschaft scheinen hier weiterhin nicht miteinander vereinbar, was die mächtige Lobby der Fleischkonzerne verdeutlicht. Vor allem dann, wenn sich positive Effekte in der Ökologie oft erst nach Jahren oder Jahrzehnten zeigen, die Wirtschaft vordergründig allerdings sofortige Abstriche machen muss, welche auch sofortige monetäre Folgen nach sich ziehen.

Es gilt, an die Menschen zu appellieren: Der einfachste und bequemste Weg ist nicht immer der beste oder sinnvollste. Statt den Viehdung einfach in überlaufenden Becken zu entsorgen oder ihn über ohnehin schon überdüngten Feldern auszubringen, müssen Alternativen geschaffen werden. Man könnte den übrigen Dünger unter den Landwirten verteilen, beispielsweise über eine Düngerbörse. Anstatt als Verbraucher im Supermarkt immer auf das günstigste Fleisch zurückzugreifen, wäre die Überlegung sinnvoll, sich an einigen Tagen komplett fleischfrei oder zumindest mit umweltfreundlich hergestelltem Fleisch zu ernähren. So können gleich zwei Dinge erreicht werden: Eine rein pflanzliche Ernährung oder zumindest eine demitarische Ernährung ist gesünder für das Individuum, wirkt gleichzeitig aber auch dem Klimawandel und der Erderwärmung sowie der Entstehung von Todeszonen entgegen.

Es sind aber nicht nur die Landwirte und die Bevölkerung gefragt, sondern auch weitere Akteure. Dazu gehören einerseits die Wissenschaft und Forschung, um adäquate Alternativen im Ernährungs- und Lebensmittelbereich zu entwickeln. Es braucht andererseits aber ebenso die Politik, um entsprechende Richtlinien und Gesetze zu erlassen, beispielsweise bei der Massentierhaltung, oder der Verteilung von Viehdung. Nicht zuletzt spielt auch die Bildung eine essentielle Rolle bei der frühzeitigen Platzierung von ökologischen Themen bei Kindern und Jugendlichen.

Die Problematik der Todeszonen gehört zu jenen Problemen, welche nicht vor der Haustüre liegen und die Menschen deshalb auf den ersten Blick nicht direkt betreffen. Es ist trotzdem nicht genug, auf freiwillige Compliance-Maßnahmen von Industrie und Landwirtschaft zu setzen. Alle anthropogenen ökologischen Probleme reichen bis in die Komfortzone eines jeden Einzelnen und nur bei gemeinsamem, ganzheitlichem Handeln kann ein wirklicher Unterschied gemacht werden.

7. Literaturverzeichnis

Ahnert, F. (2015). Einführung in die Geomorphologie (5. Auflage). Eugen Ulmer KG.

Begon, M.; Howarth, R. W. & Townsend, C. R. (2017). Ökologie. Springer Spektrum. https://doi.org/10.1007/978-3-662-49906-1

DER SPIEGEL GmbH & Co. KG (Hrsg.) (2021, 05. August). Sauerstofffreie „Todeszone" im Golf von Mexiko dehnt sich weiter aus. Spiegel ONLINE. https://www.spiegel.de/wissenschaft/natur/sauerstofffreie-todeszone-im-golf-von-mexiko-dehnt-sich-weiter-aus-a-29b16e00-fef2-4a29-840a-f1abb55027c9

Dikau, R., Eibisch K., Eichel, J., Meßenzehl, K. & Schlimmer-Held, M. (2019). Geomorphologie. Springer Spektrum. https://doi.org/10.1007/978-3-662-59402-5

Dodds, W. K. (2006). Nutrients and the "Dead Zone": The Link between Nutrient Ratios and Dissolved Oxygen in the Northern Gulf of Mexico: Frontiers in Ecology and the Environment 4(4), 211-217.

Farley, M. (2012). Eutrophication in fresh water. An international review. In Bengtsson, L., Herschy, R. W. & Fairbridge, R. W. (Hrsg.), Encyclopedia of Lakes and Reservoirs (S. 258-271). Springer. https://doi.org/10.1007/978-1-4020-4410-6

Hölting, B., Coldewey, G. C. (2013). Hydrogeologie. Einführung in die Allgemeine und Angewandte Hydrogeologie. Springer Spektrum. https://doi.org/10.1007/978-3-8274-2354-2

Kennish, M. J. (2016). Eutrophication. In Kennish, M. J. (Hrsg.), Encyclopedia of Estuaries (S. 304-311). Springer. https://doi.org/10.1007/978-94-017-8801-4

Malakoff, D. (1998). Death by Suffocation in the Gulf of Mexico. Science, 281(5374), 190-192. https://doi.org 10.1126/science.281.5374.190

maribus gGmbH (2010). World Ocean Report 1. Mit den Meeren leben – ein Bericht über den Zustand der Weltmeere. https://worldoceanreview.com/wp-content/downloads/wor1/WOR1_de.pdf

Mighty Earth (2017). Mystery Meat II: The Industry Behind the Quiet Destruction of the American Heartland. https://www.mightyearth.org/wp-content/uploads/2017/07/Meat-Pollution-in-America.pdf

Richtlinie des Europäischen Rates vom 21. Mai 1991 über die Behandlung von kommunalem Abwasser. Abgerufen am 08.03.2022, von https://eur-lex.europa.eu/legal-content/DE/TXT/?uri=celex:31991L0271

Schmidtko, S., Stramma, S. & Visbeck, M. (2017). Decline in global oceanic oxygen content during the past five decades. Nature, 542, 335-339. https://doi.org/10.1038/nature21399

Schönborn, W. (2003). Lehrbuch der Limnologie. Schweizbart'sche Verlagsbuchhandlung.

Selman, M., Greenhalgh, S., Diaz, R. & Sugg, Z. (2008). Eutrophication and Hypoxia in the Coastal Areas: A Global Assessment of the State of Knowledge. World Resources Institute. https://files.wri.org/d8/s3fs-public/pdf/eutrophication_and_hypoxia_in_coastal_areas.pdf

Shvili, J. (2021). Corn Belt States. Abgerufen am 05. März 2022, von https://www.worldatlas.com/geography/corn-belt-united-states.html

Sommer, U. (1996). Algen, Quallen, Wasserfloh. Die Welt des Planktons. Springer. https://doi.org/10.1007/978-3-642-61033-2

Strahler, A. H., Strahler, A. N. (2009). Physische Geographie (4. Auflage). Ulmer.

Townsend, C., Begon, M. & Harper, J. (2009). Ökologie. Springer. https://doi.org/10.1007/978-3-662-44078-0

Tiesbohnenkamp, W. (o.J.). Der Mississippi. Abgerufen am 6. März 2022, von https://www.lexas.de/fluesse/mississippi/index.aspx

Wehrli, B. (1993). Stickstoff und Phosphor in Gewässern. VSA-Fortbildungskurs 1993. Nährstoffelimination in der biologischen Abwasserreinigung. https://www.dora.lib4ri.ch/eawag/islandora/object/eawag%3A16614/datastream/PDF/Wehrli-1993-Stickstoff_und_Phosphor_in_Gew%C3%A4ssern%28published_version%29.pdf

Windhorst, H. W. (1975). Die Landwirtschaft der Vereinigten Staaten. Strukturelle und regionale Dynamik. Franz Steiner Verlag.

BEI GRIN MACHT SICH IHR WISSEN BEZAHLT

- Wir veröffentlichen Ihre Hausarbeit, Bachelor- und Masterarbeit

- Ihr eigenes eBook und Buch - weltweit in allen wichtigen Shops

- Verdienen Sie an jedem Verkauf

Jetzt bei www.GRIN.com hochladen und kostenlos publizieren